神奇的新能源
太阳能

郑永春　主编

中国科学院电力研究所　余强　审定

南宁市金号角文化传播有限责任公司　绘

广西教育出版社
南宁

神奇的新能源
编委会

（排序不分先后）

新能源，新希望

——写给孩子们的新能源科普绘本

　　20世纪六七十年代，"人类终将面临能源危机"的论调十分流行。那时，作为"工业血液"的石油，是人类最主要的能源之一。而石油的形成至少需要两百万年的时间。有科学家预测，在不久的将来，石油会消耗殆尽。然而，半个世纪过去了，当时预测的能源危机并没有到来，这其中，科技进步带来的新能源及传统能源的新发现起到了不可估量的作用。

　　一、传统能源的新发现。传统能源包括煤、石油和天然气等。随着科技的发展，人们发现，除曾被世界公认为石油产量最高的中东地区外，在南美洲、北极和许多海域的海底均发现了新的大油田。而且，除了油田，有些岩石里面也藏着石油（页岩油）。美国因为页岩油的发现，从石油进口国变成了出口国。与此同时，俄罗斯、中国等国也发现了千亿立方米级的天然气田，天然气已然成为重要的能源之一。

　　二、新能源的开发。随着科技的发展，人们发现了一些不同于传统能源的新能源。科学家在海底发现了一种可以燃烧的"冰"（天然气水合物），这种保存在深海低温环境下的天然气水合物一旦开采成功，可为人类提供大量的能源。氢是自然界最丰富的元素之一，氢能作为一种清洁能源，有望消除矿物经济所造成的弊端，进而发展一种新的经济体系。核电站利用原子核裂变释放的能量进行发电，清洁高效，可以大大降低碳排放量；但核电站也面临铀矿资源枯竭和核燃料废弃物处理及辐射防护等问题，给社会长远发展带来一定的风险。除已成熟的核裂变发电技术外，人类还在积极开发像太阳那样的核聚变反应技术，绿色无污染的可控核聚变能将为解决人类能源危机提供终极方案。

　　三、可再生能源的利用。可再生能源包括我们熟悉的太阳能、风能、水能、生物质能、地热能等。一些自然条件比较恶劣的地区，如中国西北的戈壁荒漠地区，往往是风能和太阳能资源丰富的地方，在这些地区进行风力和太阳能发电，有助于发展当地经济、提高人们生活水平。在房子的阳台和屋顶，可以安装太阳能发电装置和太阳能热水器，供家庭使用。大海不仅为人类提供优质的海产品，还蕴藏着丰富的能源：海上的风、海面的波浪、海边的潮汐都可以用来发电。地球上的植物利用太阳光进行光合作用，茁壮生长。每到秋天，森林里会有大量的枯枝落叶，田间地头堆积着大量的秸秆、玉米芯、稻壳等农林废弃物，这些被称为生物质的东西通常会被烧掉，不仅污染空气，还会造成资源的浪费。现在，科学家正在将这些生物质变废为宝，生产酒精、柴油、航空燃油以及诸多化学品等。

四、储能技术与节能减排。除开发新能源和新技术外，能源的高效储存、节能减排和能源的综合利用也一样重要。在现代生活中，计算机等行业已经成为耗能大户。然而，计算机在运行时，大量的能源消耗并没有用于计算，而是变成了热量；与此同时，需要耗电为计算机降温。科学家正在研发新的计算技术，让计算机产生的热量大大减少。我们可以提升房屋的保温性能，以减少采暖和空调用电；可以将白炽灯换为节能灯；也可以将垃圾分类进行回收利用，践行绿色低碳的生活方式。

总之，对于未来能源，我们持乐观态度。这套新能源主题的科普彩绘图书，就是专门写给孩子们的，内容包括太阳能、风能、水能、核能、地热能、可燃冰、生物质能、氢能等。我们希望通过这套图书，告诉孩子们为什么要发展新能源，新能源的开发和利用的现状如何，未来还面临着哪些问题。

希望孩子们学习新能源的科学知识，从小养成节约能源的习惯，为保护地球做出贡献。因为，我们只有一个地球。

郑永春　徐莹

2020 年 10 月

目 录

认识太阳

　　大约 130 多亿年前，一个奇点的爆炸，诞生了广阔的宇宙，其中，太阳是与我们的生活最贴近的恒星，人类生活所需的能源大都来源于太阳。要知道太阳蕴藏着怎样的能量，就先来认识太阳吧！

太阳的诞生

　　现在宇宙的年龄大概为 130 多亿岁（地球年），它起始于一个奇点的大爆炸。这个大爆炸使宇宙间充满了各种物质，向四面八方膨胀开去。

　　宇宙大爆炸后，原始物质散乱分布在宇宙中，在万有引力的作用下逐渐靠拢，浓缩成星系的母体，银河系就是其中之一。

　　银河系所包含的物质聚合出许多恒星，太阳就是其中之一。相当多的恒星周围的物质又分别聚合成行星，地球是其中之一。

太阳成长记

太阳的结构图

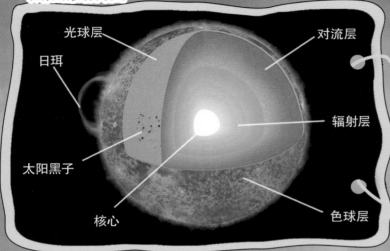

光球层
对流层
日珥
太阳黑子
核心
辐射层
色球层

太阳的成分图

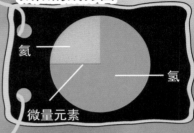

氦
氢
微量元素

太阳是一个气体球，这个气体球由 90 多种化学元素组成，其中氢元素的含量最多，约占太阳质量的 71%，氦元素约占 27%，碳、氮、氧和各种金属元素约占 2%。

扫一扫，认识太阳结构

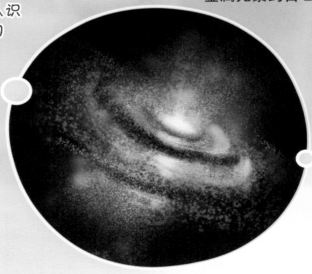

幼年期

　　太阳是聚合出来的。太阳形成的初期，大量物质趋向中心，由此产生的巨大引力不断挤压核心，使得那里的温度和压力变得很高，组成太阳的氢、氦元素在高温高压下发生核聚变，这样的核聚变过程会释放出巨大的能量，所以太阳才会有那么多的光和热。

● 太阳为什么能持续不断地燃烧呢?

太阳的燃烧不同于我们常见的燃烧现象。太阳燃烧的能量来自内部的核聚变反应。由于太阳引力非常强大，使得中心不断压缩，内核的温度高达1500万摄氏度，这样就产生了核聚变——由四个氢原子聚变成一个氦原子的热核反应。太阳体积巨大，又相对年轻，还有大量的氢原子，因此科学家估计，太阳可用于产生能量的氢到现在只用了一半左右，还能持续燃烧50亿年呢!

晚年期 ▶

目前的研究认为，当太阳进入晚年，它的内部不再有较多的氢燃料遗留在里面，将逐渐成为一颗红巨星，体积将扩大到占有地球绕日轨道以内的整个空间。最终红巨星将塌缩成一颗白矮星，并且不断收缩直至释放完所有的能量。

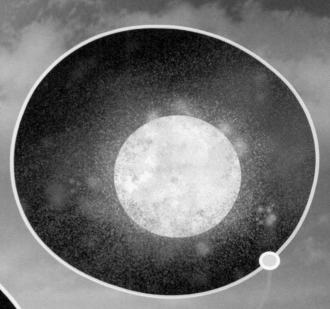

◀ **成年期**

科学家们推测，太阳在主星序上可停留约100亿年，现在已经停留了近50亿年，相当于人的成年期。

极光 ——太阳风与地球磁场的美丽邂逅

地球上的极光集中出现在纬度靠近地磁极地区上空，出现在南极的被称为南极光，在北极的被称为北极光。

那么，极光是怎么形成的呢？

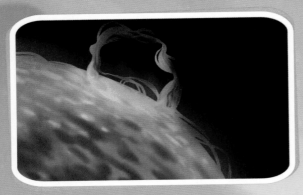

太阳因高温膨胀不断向外抛出粒子流，这些粒子主要由电子、质子和重离子（主要是 α 粒子）组成。它们运动的速度极快，以致不断有带电的粒子摆脱太阳引力的束缚，射向太阳的外围，形成太阳风。

太阳风以太阳为中心，"吹"向太空，"吹"到地球。在一般情况下，地球磁场能使太阳风绕开地球而行，对地球起到一定的保护作用。

扫一扫，了解什么是太阳风

当太阳出现突发性的剧烈活动时，太阳风中的高能粒子增多，这些高能粒子能够沿着磁力线侵入地球的极区，并在地球两极的上层大气中放电，产生绚丽壮观的极光。

极光有多种形态，快来欣赏一下美丽的极光吧！

射线式光弧光带极光

帘幕状极光

匀光弧极光

极光冕

射线式光柱极光

日食，又叫做日蚀。当月球运动到太阳和地球中间时，如果三者正好处在一条直线上，月球就会挡住太阳射向地球的光，月球身后的黑影正好落到地球上，这时候就能观测到日食现象。请小朋友们开动脑筋，用画笔在下面的地球上标出完全看不见太阳光（日全食）的区域。

太阳　　　　　　　月球　地球

涂色游戏

对流层
光球层　辐射层　核心
黑子
色球层

1
2
3
4
5

小朋友们，拿起画笔，将不同颜色填入对应数字区域，完成太阳结构图吧！

我是小小画家！

6

太阳辐射与光合作用

太阳和其他恒星一样，是一个巨大的核聚变体，每时每刻都在释放能量，太阳辐射从遥远的太阳到达地球，给地球带来了怎样的影响呢？

1.5×10⁸ 千米

12700 千米

地球的直径约为 12700 千米，而太阳与地球的距离约为 1.5×10^8 千米！

你 知 道 吗

● 太阳的能量是向四面八方辐射的，太阳核聚变每秒释放（辐射到宇宙空间）的能量约为 3.8×10^{26} 焦，但其中只有约二十二亿分之一的能量辐射到地球，再加上地球大气层对太阳辐射有反射与吸收作用，实际只有约一半的能量到达地面。

地球各地冷热不同

地球各地冷热不同，是受太阳辐射及其他因素共同影响。

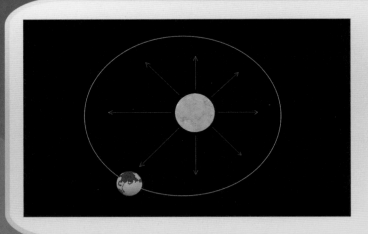

地球绕日的轨道是一个椭圆形，当地球离太阳远时，相对来说，气温就低，离太阳近时，气温则高。

地球各地纬度不同，日光照射的角度就不同，受到的太阳辐射也不同。纬度越高，气温越低；纬度越低，气温越高。

由于海洋与陆地比热容不同，洋面的温度变化明显小于陆地，大洋中一些海岛或滨海地区冬暖夏凉的现象可能比内陆明显。

海拔高度对气温也有影响。在同一地区，海拔高的地方比海拔低的地方气温要低。

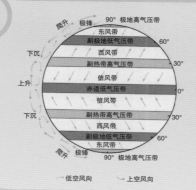

大气压力差异与气温也密切相关。一般来说，温度越高，大气受热膨胀上升越快，气压越低，因此在多数情况下，热的地区为低压，冷的地区为高压，比如赤道低气压带和极地高气压带。

太阳辐射与人类健康

人类的健康与太阳辐射也有着密切的关系。

适当晒太阳，不仅能够杀灭一些病菌，还能合成维生素 D，帮助钙、磷的吸收，从而使身体强壮。

过度晒太阳，或者在烈日当空的时候晒太阳，则会过量吸收太阳中的紫外线，损伤皮肤，诱发皮肤癌、白内障等疾病，影响我们的健康。

你 知 道 吗 ？？？

● 不一样的动物感知光的能力是不一样的哦！人类的眼睛能感知太阳辐射的整个可见光谱，在自然界里，多数的哺乳动物却是色盲，如猫、狗等。蛇类能感知红外线（蛇的感觉器官不是眼睛，而是它的颊窝），蜜蜂能感知紫外线。

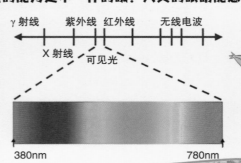

γ 射线　　紫外线　红外线　　无线电波

X 射线　　可见光

380nm　　　　　　　　　　780nm

10

保护臭氧层行动！

地球大气层里的臭氧层能够削减紫外线的强度，保护我们。由于人类大量使用含氯氟烃类（含碳、氯、氟等元素）化学物质的物品，这些化学物质排放到大气中，会消耗臭氧，受破坏的臭氧层在南极上空出现大面积的臭氧层空洞。

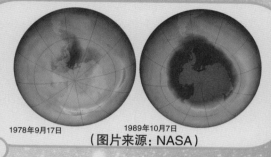

1978年9月17日　　1989年10月7日
（图片来源：NASA）

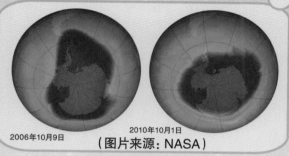

2006年10月9日　　2010年10月1日
（图片来源：NASA）

臭氧层空洞问题受到高度重视，经过多年的努力，臭氧层终于表现出了恢复的迹象。科学家认为，这可能归功于全球对某些含氟利昂的制冷剂、发泡剂的限制使用。

我们要齐心协力，限制使用和逐步淘汰会破坏臭氧层的物质，积极寻找替代品和替代技术，共同保护臭氧层。

破坏臭氧层的主要物质：氟利昂

制冷剂

发泡剂

电子元件清洁剂

电子元件清洁剂

太阳辐射能量的转化

扫一扫，看看光合作用是怎么发生的

太阳辐射到地球上的能量如何被地球上的生物利用呢？

当太阳光和生物发生作用后，就能产生神奇的现象，让我们来看看是怎么回事吧！

植物的光合作用是在可见光的照射下，植物中的叶绿素吸收光能，使二氧化碳和水反应转化为有机物，同时释放出氧气的过程。

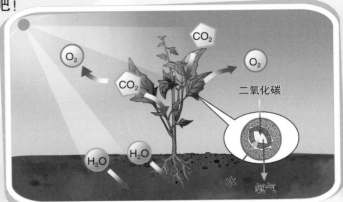

植物的光合作用是在可见光的照射下，植物中的叶绿素吸收光能，使二氧化碳和水反应转化为有机物，同时释放出氧气的过程。

光合作用是地球上生物界赖以生存的基础，光合作用把大气中的二氧化碳转化为植物、动物生存所需的氧气，并固定了大量的太阳能。你知道光合作用固定的太阳能有多少吗？

绿色植物每年通过光合作用所转化并储存在碳水化合物中的太阳能非常丰富，据估计，相当于上万座三峡水电站的发电量，大约相当于每年世界主要燃料消耗能量的 10 倍。

地球所接收的太阳能量除相当数量被植物的光合作用所固定外，还有许多转化为其他自然能源。地球上大多数能源都来自太阳能的转化。

地球表面各处受太阳辐射后气温变化不同。较热的地区空气受热膨胀上升，较冷的地区空气受冷收缩下沉，从而形成空气流动，带来风能。

太阳能使地面水分蒸发，在空中凝结成雨或雪，再降落到地面，形成了地表的水循环，所以太阳能也是水能的动力来源。

地球上的煤、石油、天然气这些化石能源，是由古代地球生物将太阳能固定下来后转化而来的。

森林里的光合作用

树林和草地对太阳能量的利用率一样吗？

春夏季节，树林中的树叶总面积大大超过草地，树林对太阳能量的利用率更高。

秋冬季节，树林中有一些常绿树种，而多数野外的草地枯萎。

可见树林每年固定的太阳能要远高于草地。

你 知 道 吗

● 仔细观察树叶，我们会看到叶片的正反面是不一样的，面向太阳的一面颜色会深一些，背向太阳的一面颜色会浅一些。这是怎么回事呢？

这和植物的光合作用有关系哦！叶片的向阳面主要功能是吸收阳光中的能量，进行光合作用，因此叶肉细胞拥有比较多的叶绿素；叶片的背面主要进行光合作用所需的气体交换，相对来说就没有那么多的叶绿素了，因此叶片背面的颜色要淡一些。事实上，阳光本身能促进叶绿素的合成，在阳光不足的地方生长的植物就会因为缺乏叶绿素而变得黄黄的。

海洋里的光合作用

海洋中的生物也能利用太阳能。

海洋中能进行光合作用的生物种类非常多，包括海洋植物、菌藻类生物以及浮游生物。

浮游生物虽然个体小，但数量巨大，并且处在海洋食物链的最底端，对整个海洋生物的繁衍起着至关重要的作用。

你知道吗

● 见不到阳光的鱼

在我国南方有许多溶洞，有些溶洞中有地下河，在其中生长的鱼类世代不见阳光，眼睛退化，成为"盲鱼"。

动动手，一起来探索光合作用！

准备工具：一个无色透明的空塑料瓶，0.2克的小苏打，一根长吸管，一束金鱼藻，一瓶凡士林（或蜡烛油），水。

1. 将空塑料瓶盛满清水，在水中加入0.2克的小苏打。

2. 在瓶盖上钻一个小孔，插入一根长吸管。

3. 将一束生长旺盛的金鱼藻塞入瓶中，盖紧瓶盖，在吸管和瓶盖空隙处涂上凡士林（或蜡烛油），使之不漏气。

4. 把瓶子放到阳光下照射，一段时间后，观察瓶子内有什么变化？

人类对太阳的认识和热利用

很早很早的时候，人类对光合作用还知之甚少，但已经意识到阳光雨露对农作物的重要性，开始主动学着利用太阳的能量了！

古代对太阳的认识

　　早在新石器时代，人类已经知道阳光雨露对农作物的重要性。随着农耕的发展，古代的人们学会通过观察太阳的运动和天文现象来更好地安排农业生产。

　　传说在四千多年前的帝尧时代，就有专门从事"观象授时"的天文官，通过观察天文现象来确定时间，从而为农业生产提供服务。

　　随着我国天文学不断发展，人们建造了大量天文建筑，发明了大量观象仪器，并制定了历法。我国古代很早就能预报日食，还观测到了太阳黑子。世界上最早关于太阳黑子的文献记载出现于我国的《汉书》，书中有"日黑居仄，大如弹丸"的描述。

日晷

浑天仪

中国古代观测天体位置的仪器

中国古代利用日影观测计时的一种仪器

大约成书于公元前1世纪的《周髀算经》是我国最古老的天文学著作，记载了关于"二十四节气"等相关知识

美洲的玛雅文明也对太阳有早期的认识。一千多年前，玛雅人把1年定为365天，会推算月亮、金星和其他行星运行的周期以及日食发生的时间等。

古时候，人们认为地球是宇宙的中心，是静止不动的，太阳是围绕地球运转的，称为"地心说"。

16世纪，波兰天文学家哥白尼长年坚持观测天象，认为地球是围绕太阳旋转的，提出了"日心说"。虽然"日心说"也有局限性，但在当时是一个了不起的进步。

对太阳的热利用

太阳热能是人类从古至今对太阳能利用的重要方式。

晒盐

将海水或卤水通过日晒的方法，把水分蒸发，达到饱和浓度后就可析出固体盐。

制酱

酱油和豆酱等酿制的一道重要工序是经过一段时间的太阳曝晒，促进发酵，防止杂菌生长，并形成特有的风味。

温床

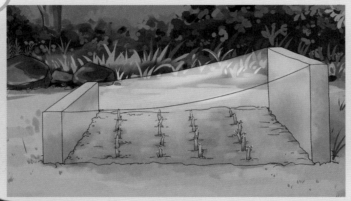

温床主要用于培育秧苗。在水稻育秧时，秧田播种后在苗床上方覆盖一层塑料薄膜，可以起到增温、保湿、防虫和防霜害的作用。

● 古人已经会利用阳燧取火。早在三千多年前的商周时代，古人用青铜制成凹面镜，将太阳光聚焦得到高温，点燃一些易燃物来取火。奥林匹克的圣火采集，也是遵循古希腊的传统，利用凹面镜将太阳光集中，产生高温引燃圣火。

阳燧

暖棚

暖棚是用塑料膜覆盖、依靠太阳光来维持一定温度的简易大棚，可以根据需要拆装迁移。

温室

温室是用玻璃来覆盖固定好的建筑，室内可安装整套的调节、通风设备，根据需要调节室内光照、温度、湿度和空气成分等。

太阳灶

太阳灶利用凹面镜将太阳光汇聚起来，获取热量来烹饪食物。

21

既能制热又能制冷的太阳热能

太阳能可作为热源，太阳能制热只需根据制热温度的需要，采用合适的集热器和集热介质收集太阳能即可。主要的家庭应用是太阳灶、太阳能热水器和太阳能供暖等。

太阳照射真空管,传热给内部黑色的水管,提高水温

太阳能制热

真空管集热器

保温蓄水箱

热水向上集中到水箱里

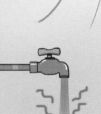

暖气

冷水通过冷水管进入真空管

打开热水阀使用热水

冷水管

扫一扫，看看怎么利用太阳热能制热

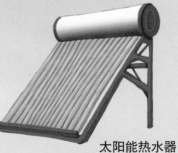

太阳能热水器

22

太阳热能可以制热，我们很容易理解。而用太阳热能制冷，你听说过吗？

太阳能制冷

吸收式制冷

发生器内的溴化锂－水溶液加热后，溶液汽化形成蒸气

发生器

冷凝器

蒸汽进入冷凝器，被冷却水降温后凝结

蒸汽

随着溶液的不断汽化，发生器内的溶液浓度不断升高

太阳能集热器加热

浓溶液

节流阀

浓溶液进入吸收器

冷凝器内的水通过节流阀进入蒸发器，急速膨胀而汽化，汽化过程中大量吸收热量，达到制冷效果。

吸收器

蒸发器

循环泵

稀溶液

吸收热能量

冷却水

低温水蒸气进入吸收器，被吸收器内的浓溶液吸收，溶液浓度逐步降低，由循环泵送回发生器，完成循环

连一连。你知道下面四种自然现象的描述分别对应哪个节气吗？

惊蛰

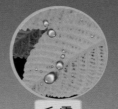

白露

夏至

冬至

一年之中白天最长的一天，而且天气越来越热，标志着炎热的夏天开始了！

天上的春雷惊醒了在地下冬眠的动物，天气开始回暖。

一年里白天最短的一天，开始进入数九寒天，也是中国的一个传统节日，北方地区会在这一天以吃饺子的方式来庆祝哦！

秋天，天气渐渐转凉，清晨的草地上和树叶上出现了很多细细的小水珠，在阳光下晶莹剔透，非常美丽。

你知道吗

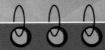

● 恒温的太阳能游泳池

利用太阳能集热器收集太阳辐射的热量，加热从游泳池抽入的水，然后再把热水排入游泳池，如此反复循环，当水温达到预先设定的游泳舒适温度后，通过流量控制阀维持游泳池水温，使水温基本处于一恒定值。为了弥补某些时候太阳能的不足，还可以加入常规加热器。

太阳能集热器

滤网　水泵　过滤器

流量控制阀

常规加热器

太阳能热发电

电能是我们生活中应用最广泛、传输最方便的能源，目前全球使用的电能大多来自利用煤、石油等不可再生的传统能源所产生的热能，而太阳光具有大量的热能，也可以用来发电。

太阳光加热处于聚光器焦点的集热器中的热能介质，介质吸热后可达到几百摄氏度的高温。

介质一般为熔融盐和油类。

太阳能热发电机不只是白天才能运作，晚上也能发电，因为熔融盐池存储的热量能持续释放 15 小时。

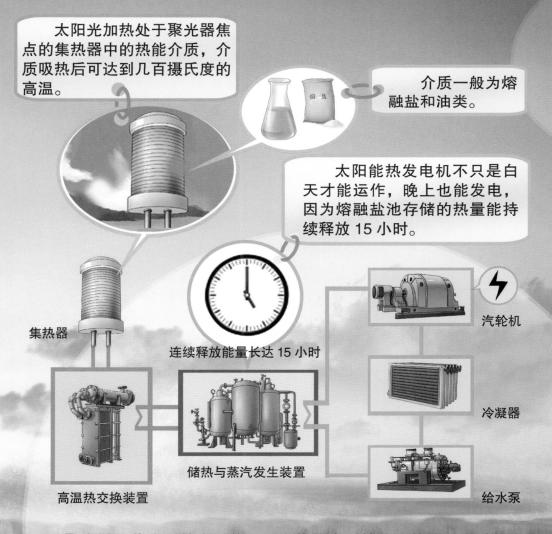

集热器

连续释放能量长达 15 小时

汽轮机

冷凝器

给水泵

高温热交换装置

储热与蒸汽发生装置

聚光器将收集到的太阳能，经由传热介质转化为热能，通过热力循环做功，实现热能到电能的转换。

太阳能热发电的三种聚焦方式

太阳能热发电主要有三种发电方式：槽式太阳能热发电、碟式太阳能热发电和塔式太阳能热发电。

槽式太阳能热发电

接收
管道

凹面
聚光镜

这种发电方式是利用槽式抛物面反射镜将太阳光线聚焦到位于抛物面的焦点处的真空吸热管上，加热管中传热介质来存储热量，推动汽轮机，从而带动发电机发电。

碟式太阳能热发电通过可旋转抛物面反射镜汇聚太阳光来加热位于焦点处的斯特林机进行发电，其结构从外形上看像抛物面雷达天线。

扫一扫，看看太阳光是怎样聚焦发电的

塔式太阳能热发电

反光镜将来自太阳的光线反射到接收塔上的集热器。

如果太阳照射的角度发生变化，反光镜可以跟随太阳在一定范围内转动，所以反光镜也被称为定日镜。

奇妙的热风高塔发电

　　热风高塔是一种发电装置，从外形上看它像一个面积很大的暖棚，下面有进风口，中央竖一个烟囱状的高塔。

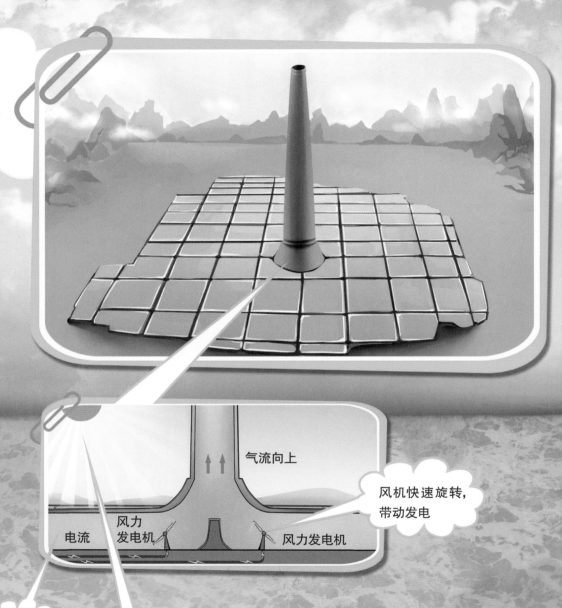

气流向上

风机快速旋转，带动发电

电流　风力发电机　　　　　　　　风力发电机

进风口

日光加热空气

　　日光加热暖棚中的空气，因气压的关系，热空气自动集中到高塔内，急速上升，气流推动风机快速旋转，带动发电机发电。

1.动动手，一起来发现太阳光聚热的秘密！

准备工具：一个放大镜、两块大小一样的冰块、一个托盘。

（1）将两块大小一样的冰块放置在托盘上。

（2）将托盘放置在太阳光下，将两块冰块分开一些，用放大镜对着太阳光，使光线聚焦照射在其中一块冰块上。

（3）一段时间后，观察两块冰块的融化程度，有什么不一样的吗？

2.思考一下，手电筒中的小灯泡发出的光是如何通过凹面镜射向远方的？

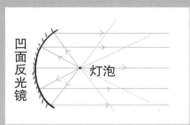

凹面反光镜　灯泡

29

解密光伏发电

我们已经知道了可以通过太阳辐射产生的热能发电,其实,太阳辐射中的光能也可以发电哦!这是怎么回事呢?

光生伏打效应

光伏发电是利用某些物质的光生伏打效应,将太阳辐射中的光能直接转化为电能。那么,什么是光生伏打效应呢?

扫一扫,看看光生伏打效应是怎么回事

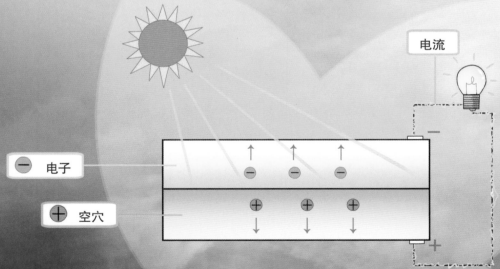

当光线照射能产生光电效应的半导体或化合物时,半导体或化合物中的电子与空穴会分别向两极集中而产生电动势(即电压),连接外部用电器,就可以形成电流。

进行光电转换的太阳能电池板

目前地面光伏系统大量使用的是以硅为材料的太阳能电池板，分为单晶硅太阳能电池、多晶硅太阳能电池和非晶硅薄膜太阳能电池。

单晶硅

多晶硅

非晶硅

单晶硅太阳能电池是以高纯度的单晶硅棒为原料的太阳能电池，电池转换效率较高，技术成熟，是当前开发程度较高的一种太阳能电池，但对硅的纯度、工艺要求较高，因此生产成本较高。

多晶硅太阳能电池主要有铸造多晶硅太阳能电池、片状多晶硅太阳能电池、带状多晶硅太阳能电池、多晶硅薄膜太阳能电池等。与单晶硅太阳能电池相比，多晶硅太阳能电池可用较低纯度的硅为原料，工艺相对简单，成本较低，但转换效率较低。

非晶硅薄膜太阳能电池以非晶硅为基本材料。非晶硅太阳能电池很薄，制作成本低，但电池转换率低，而且存在光致衰退效应，使电池的性能不稳定。

如何利用光伏电池

　　光伏电池在生活中的应用有哪些呢？从光伏发电的规模来看，小到单独的用电器，大到可向电网供电的光伏发电站，都有光伏电池的应用。

太阳能计算器

光伏发电站

硅光伏电池

太阳能充电器

家庭光伏发电

光伏路灯

你知道吗

● 上海世博会的零碳馆是中国第一座零碳排放的公共建筑，可以做到二氧化碳零排放哦！它的主要能源来自安装在屋顶南坡的太阳能光伏发电系统和生物质能系统，从屋顶上得到的热能量和电量完全可以满足这座建筑的能量需求，快去看看吧！

天气对光伏发电的影响

　　光伏发电并不是一直那么稳定，它受到日照、天气、季节、温度等自然因素的影响。

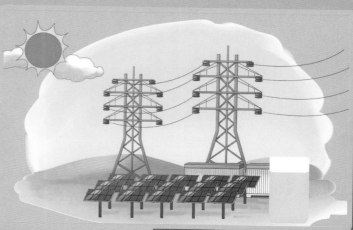

晴天，太阳辐射强烈，光伏发电量大。

阴雨天，太阳辐射相对微弱，光伏发电受到影响。

安装倾角≈当地纬度

　　光伏电池板装置安装时，倾斜角度怎么决定呢？一般和当地的纬度相等。不过在实际安装的时候，也要考虑当地实际情况，倾角比纬度略高或略低。

LED 即发光二极管，是一种半导体固体发光器件。LED 照明利用固体半导体芯片作为发光材料，在半导体中通过载流子发生复合，放出过剩的能量而引起光子发射，直接发出红、黄、蓝、绿四种颜色的光，在此基础上，利用三基色原理，添加荧光粉，可以发出任意颜色的光。

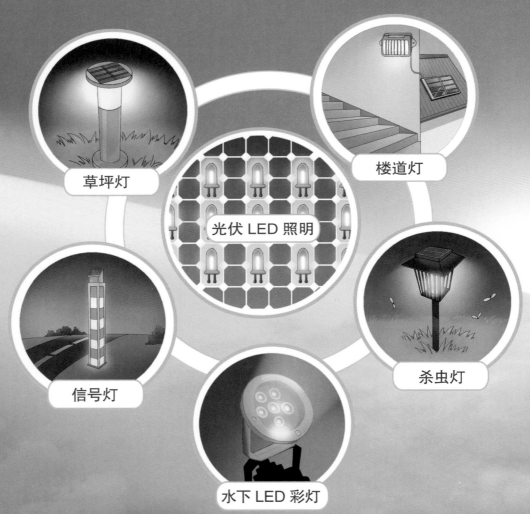

草坪灯

楼道灯

光伏 LED 照明

信号灯

水下 LED 彩灯

杀虫灯

将同为直流电的光伏电池和 LED 结合的光伏 LED 照明技术有着广泛的应用前景，具有高效、节能、环保、长寿命、易维护等优点。

可以充电的太阳能街道

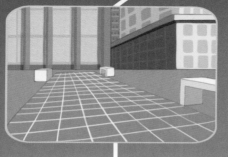

人来人往的露天街道还能充电？据报道，匈牙利的一家公司研发了这样一条自带太阳能系统的嵌板步道，可以将太阳能转换为电能，而这些太阳能嵌板已经被铺设到购物中心门前。

他们在街道周围安置了露天座椅，太阳能步道所储存的电能连接到这些露天座椅的电源插座上，这样一来，人们就可以随时为随身小电器充电了！

请小科学家们开动脑筋想象一下，我们的日常生活还可以怎样利用光伏发电呢？

太阳能与交通

交通与我们的生活息息相关,现在使用的大多数汽车、火车、飞机等交通工具都需要耗费大量的石油、煤炭等不可再生能源,而且会对环境产生不同程度的污染,既然太阳的光能如此丰富,那么我们能不能利用光伏发电来作为交通工具的能源呢?

"零排放"的太阳能汽车

传统的汽车以燃油为动力,排放的废气会对环境造成严重污染,并且油料是不可再生能源,其供应日趋紧张。

电动汽车以车载电源为动力,用电机驱动车轮行驶,有利于节约能源和减少二氧化碳的排放。

混合动力汽车采用内燃机和电动机作为混合动力源,相当于燃油汽车和电动汽车的合体。

太阳能汽车也是电动汽车的一种,普通电动汽车的蓄电池靠工业电网充电,太阳能汽车用的是太阳能光伏电池。

追逐阳光的太阳能船舶

太阳能船舶有大小之分，有用于内河的小型水上船舶，也有大型海船。

某些太阳能海船上安装了铝制的太阳能风帆。风帆可转动一定角度，更好地利用太阳光为船舶提供能源。

据报道，"图兰星球太阳"号是目前世界上最大的全太阳能动力双体船，它的甲板上铺设了537平方米的太阳能电池板，为船体两侧配备的4个电动马达提供能量。船上同时配有6个巨型充电锂电池，从而保证该船可以在没有日照的情况下继续航行。

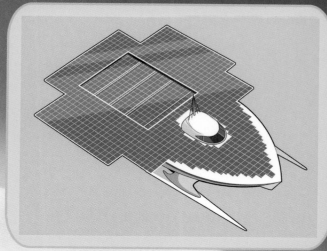

"图兰星球太阳"号于2010年从摩纳哥出发，穿过巴拿马运河，横越太平洋和印度洋，最终取道苏伊士运河回到地中海，全程航行约4万海里。整个航行过程完全依靠太阳能驱动。

火车是长途运输中载重量大、速度快的重要陆上交通工具，有古老的蒸汽火车、现在普遍使用的内燃机火车、逐渐兴起的电力驱动火车、太阳能驱动的火车……快来认识一下吧！

最初的火车是通过燃烧煤得到蒸汽作为动力的。后来改成使用内燃机的机车来拉动整列火车。

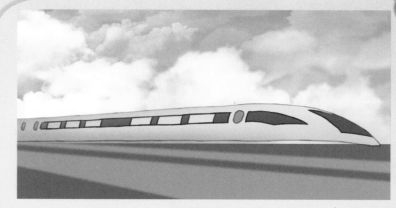

20世纪以来，由电网供电的电力驱动火车（如磁悬浮列车、地铁、动车组、高铁等）快速发展。

这列太阳能火车的高速铁路隧道顶部安装有 16000 块太阳能电池，可以提供该火车运行所需的电力哦！

火车能否用太阳能驱动呢？2011年，第一列由太阳能驱动的"绿色火车"在比利时开通，太阳能电池板放置在隧道顶部。

这列太阳能火车的太阳能电池板铺在火车车顶上。

2017年，一辆装有太阳能电池板的火车从澳大利亚的拜伦湾驶出。该火车通过车顶安装的太阳能电池板提供动力，并且在火车停放的北拜伦车棚设有太阳能电池组矩阵，为行驶提供动力。

目前太阳能火车的应用还很少，但在未来的发展上，太阳能火车有很大的潜力。火车主要在固定路线上行驶，可以在每个停靠站都安装太阳能电池板来快速充电；火车车顶面积大，可以安装很多太阳能电池板来提供动力，因此火车很适合引进太阳能光伏技术。

太阳能飞行器以太阳能作为动力。太阳能飞行器的动力装置主要由太阳能光伏电池组、直流电动机、减速器、螺旋桨和控制装置组成。太阳能飞行器以太阳能为能源，对环境无污染、使用灵活、成本低，有着广阔的应用前景。

光伏电池板

已经试飞成功的"阳光动力"号飞机，将200多平方米的光伏电池板安装在机翼上，平均每小时可以飞行70千米，于2010年7月首次完成24小时不间断昼夜飞行。白天，机翼上的光伏电池板为电动机供电。

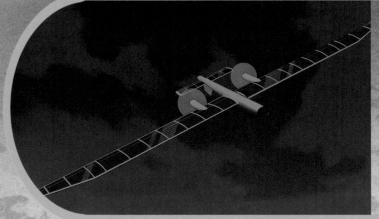

夜晚，"阳光动力"号飞机使用的是高性能蓄电池在白天储存的太阳能电力，以此来实现昼夜不间断飞行。2011年5月13日，这架飞机从瑞士起飞，途经法国和卢森堡，在布鲁塞尔着陆，成功完成首次跨国飞行。

潜力无穷的太空太阳能

相对地面来说，太空是收集太阳能更为理想之处。太空中太阳辐射没有大气层的阻碍，也不受昼夜周期的影响。人们在探索宇宙的过程中，也尝试利用太空中的太阳能来作为动力。

"勇气"号与"机遇"号火星车就是以太阳能为动力的探测器，它们在火星上进行探测工作，为人类探索火星做出了杰出贡献。

太阳帆是利用太阳光的光压进行宇宙航行的一种航天器，目前还处在试验中。只要有阳光存在的地方，它就可以不断地获得动力飞行，可以减少所携带的大量燃料。

许多人造卫星的两翼是太阳能电池板，人造卫星发射升空后，展开太阳能电池板，把太阳能转化为电能，供给卫星上的用电器使用。

你 知 道 吗

● 空间太阳能电站

太空中的太阳能非常充裕。科学家们设想，如果在大约 3.6 万千米高度的地球同步轨道上建设太阳能电站，太阳光线不会被大气减弱，也不受季节、昼夜变化影响，99% 的时间内可稳定接收太阳辐射，强度是地面的 6 倍以上。通过空间站向地面进行能量的定点传输，这样一来，太阳能电站就能为人类提供取之不尽、用之不竭的清洁能源啦！

1. 观察以下图片，找出太阳能"绿色火车"运行所需的动力装置的安装位置。

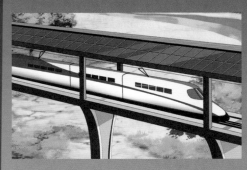

2. 想一想，太阳能汽车是以下面什么类型的太阳能作为动力的？

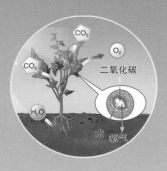